So züchten Sie Bratwurst
Echtes Fleisch ohne Tierleid

FSC
www.fsc.org
MIX
Papier aus ver-
antwortungsvollen
Quellen
Paper from
responsible sources
FSC® C105338

Gärtnermeister Vincent Hohne

So züchten Sie Bratwurst

Echtes Fleisch ohne Tierleid

Bibliografische Information der Deutschen Nationalbibliothek
Die Deutsche Nationalbibliothek verzeichnet diese Publikation in der Deutschen Nationalbibliografie; detaillierte bibliografische Daten sind im Internet über http://dnb.d-nb.de abrufbar.

ISBN: 978-3-7693-0139-7

19,99 Euro

Einleitung

Willkommen zu „So züchten Sie Bratwurst – Echtes Fleisch ohne Tierleid"! Mein Name ist Vincent Hohne, und ich lade Sie ein, in die faszinierende Welt einer innovativen Methode einzutauchen, die Fleisch auf eine ganz neue Art und Weise hervorbringt – ganz ohne die Notwendigkeit, Tiere zu töten.

Meine Reise begann eines Tages durch einen glücklichen Zufall. Während ich in meinem Garten arbeitete, fiel mir eine außergewöhnliche Blüte auf, die in der Sonne schimmerte. Neugierig begann ich, ein Stück Fleisch an der Blüte zu reiben, und nachdem ich einen kleinen kreativen Impuls hatte, spuckte ich darauf und streute etwas Erde darüber. Was als Experiment begann, verwandelte sich in eine unerwartete Entdeckung: Wochen später wuchs aus der Erde ein knorriges Geäst, das mit köstlichen Bratwürsten behangen war. Diese „Fleischfrüchte" waren nicht nur ein optisches Highlight, sondern sie schmeckten auch hervorragend!

In diesem Buch möchte ich Ihnen zeigen, wie Sie dieses erstaunliche Zuchtprinzip selbst umsetzen können. Mein Ziel ist es, Ihnen zu helfen, eine nachhaltige und tierfreundliche Alternative zu traditionell produziertem Fleisch zu finden. In einer Welt, die sich zunehmend mit Fragen der Ethik und Umwelt beschäftigt, glaube ich fest daran, dass wir neue Wege finden müssen, um unseren Fleischkonsum zu gestalten – und genau das ist der Kern dieses Buches.

Die Methode, die ich Ihnen vorstellen werde, ist nicht nur einfach und unterhaltsam, sondern auch eine Möglichkeit, kreativ zu sein und die Freude am Gärtnern und Kochen zu verbinden. Während Sie Ihre eigenen Bratwürste züchten, werden Sie feststellen, dass es eine tiefe Befriedigung mit sich bringt, die Kontrolle über Ihren Nahrungsmittelkreis zurückzugewinnen und gleichzeitig eine umweltfreundliche Wahl zu treffen.

Lassen Sie uns gemeinsam in dieses spannende Abenteuer eintauchen, und ich verspreche Ihnen, dass Sie am Ende nicht nur ein neues Hobby entdecken, sondern auch einen neuen Blick auf die Lebensmittelproduktion gewinnen werden. Machen Sie sich bereit, Ihre eigenen Bratwürste anzubauen – ganz ohne sterbende Lebewesen!

Kapitel 1: Das Zuchtprinzip verstehen

In diesem Kapitel werden wir uns eingehend mit dem revolutionären Zuchtprinzip befassen, das es ermöglicht, köstliche Bratwürste auf völlig neuartige und nachhaltige Weise zu „züchten". Dieses Konzept verbindet die Wunder der Botanik mit der Kreativität des Kochens und zeigt, wie aus der Natur und einem kleinen Experiment in unserem Garten eine schmackhafte Zukunft entstehen kann.

1.1 Die Grundlagen der Bratwurst-Zucht

Zunächst einmal ist es wichtig, die Grundlage dieses Zuchtprinzips zu verstehen. Das Konzept der „Fleischfrucht" beruht auf der Idee, dass wir durch den gezielten Einsatz von Pflanzen und einfachen biologischen Prinzipien tierisches „Fleisch" ohne den Tod eines Lebewesens erzeugen können. Die Kombination aus einem speziellen Stück Fleisch, einer Pflanze und den richtigen Bedingungen führt zur Entstehung dieser einzigartigen, essbaren Frucht.

1.2 Die Wissenschaft hinter der Fleischfrucht

Obwohl die Vorstellung, Fleisch zu „züchten", vielleicht wie etwas aus einem Science-Fiction-Roman wirkt, stützt sich das Konzept auf einige reale wissenschaftliche Prinzipien. Die Verwendung von Pflanzen zur Herstellung von Nahrungsmitteln ist seit Jahrhunderten bekannt, und die Wissenschaft hat uns gelehrt, wie wir Pflanzen züchten und ihre Eigenschaften verändern können. Durch spezielle Techniken können Pflanzen dazu angeregt werden, auf ungewöhnliche Weisen zu wachsen und sich zu entwickeln.

1.2.1 Zellkulturen und Gewebetechnologie

In der modernen Wissenschaft gibt es bereits Ansätze, bei denen tierische Zellen in einem Labor kultiviert werden, um Fleisch herzustellen, ohne dass ein Tier dafür geschlachtet werden muss. Dieses Verfahren nennt sich „Zellkultur" und wird bereits in der Lebensmittelindustrie getestet. Die Technik, die ich Ihnen in diesem Buch vorstelle, ist eine kreative und vereinfachte Version dieser Prinzipien, die sich leicht in jedem Garten umsetzen lässt.

1.2.2 Symbiose zwischen Fleisch und Pflanze

Das Zuchtprinzip beruht auf der Symbiose zwischen einem speziellen Stück Fleisch und der gewählten Pflanze. Durch die Einreibung des Fleisches an der Blüte wird eine Art Kontakt hergestellt, der es der Pflanze ermöglicht, die „Informationen" des Fleisches aufzunehmen und in ihr Wachstum zu integrieren. Dieser Prozess kann als eine Form der Kommunikation zwischen den beiden Organismen betrachtet werden.

1.3 Die richtige Pflanzenwahl

Um erfolgreich Bratwürste zu züchten, ist die Wahl der richtigen Pflanze von entscheidender Bedeutung. Einige Pflanzen sind besonders geeignet, um diese Symbiose herzustellen und die notwendigen Bedingungen für das Wachstum der Fleischfrüchte zu schaffen.

1.3.1 Pflanzen mit kräftigen Blüten

Pflanzen mit großen, kräftigen Blüten sind ideal, da sie eine größere Oberfläche bieten, an der das Fleisch

gerieben werden kann. Beispiele für solche Pflanzen
sind:

- **Sonnenblumen**: Ihre großen Blüten ziehen nicht
  nur die Bienen an, sondern bieten auch einen
  perfekten Kontaktpunkt für das Fleisch.
- **Ringelblumen**: Diese robusten Pflanzen haben
  leuchtende Blüten und sind pflegeleicht, was
  sie zu einer idealen Wahl macht.

1.3.2 Die richtige Erde

Die Erde, die für das Pflanzen verwendet wird, spielt
eine entscheidende Rolle im Zuchtprozess. Eine
hochwertige, gut durchlüftete Erde sorgt dafür, dass
die Pflanze die notwendigen Nährstoffe erhält und
optimal wachsen kann.

1.3.3 Nährstoffe und Düngemittel

Um die Wachstumsbedingungen zu optimieren,
können spezielle Düngemittel eingesetzt werden, die
reich an organischen Stoffen sind. Diese fördern nicht
nur das Wachstum der Pflanze, sondern auch die
Entwicklung der Fleischfrüchte.

1.4 Die Schritt-für-Schritt-Anleitung zum Pflanzen

Jetzt, da Sie die Grundlagen und die Theorie hinter der
Bratwurst-Zucht verstanden haben, lassen Sie uns in die
praktischen Schritte eintauchen, die erforderlich sind,
um Ihre eigenen Fleischfrüchte zu kultivieren.

1.4.1 Vorbereitung des Standorts

- **Wählen Sie einen sonnigen Standort**: Die meisten Pflanzen benötigen viel Sonnenlicht, um gut zu wachsen. Suchen Sie einen Platz in Ihrem Garten oder auf Ihrem Balkon, der täglich mindestens 6 Stunden Sonnenlicht erhält.
- **Boden vorbereiten**: Lockern Sie den Boden und entfernen Sie Unkraut. Mischen Sie die Erde mit etwas Kompost, um die Nährstoffversorgung zu verbessern.

1.4.2 Pflanzung

1. **Wählen Sie Ihre Pflanze**: Entscheiden Sie sich für eine der zuvor genannten Pflanzen.
2. **Pflanzen Sie die Samen**: Folgen Sie den Anweisungen auf der Saatgutpackung, um die Samen in der richtigen Tiefe zu pflanzen.
3. **Pflegen Sie die Pflanze**: Gießen Sie die Pflanze regelmäßig und sorgen Sie dafür, dass sie ausreichend Licht erhält. Achten Sie auf Schädlinge und Krankheiten.

1.4.3 Anwendung des Zuchtprinzips

1. **Warten Sie, bis die Blüte erscheint**: Sobald die Pflanze blüht, sind Sie bereit, den nächsten Schritt durchzuführen.
2. **Das Stück Fleisch vorbereiten**: Nehmen Sie ein frisches Stück Fleisch Ihrer Wahl (idealerweise etwas Mageres) und reiben Sie es sanft an der Blüte. Achten Sie darauf, dass Sie den Kontakt gleichmäßig herstellen.
3. **Spucken und Erde hinzufügen**: Nachdem Sie das Fleisch an der Blüte gerieben haben, spucken Sie vorsichtig darauf und streuen Sie 50 Gramm Erde über die Stelle.

4. **Warten Sie auf das Wachstum**: Nun heißt es
    Geduld haben. In den nächsten Wochen wird
    das Geäst wachsen und sich in köstliche
    Bratwürste verwandeln.

1.5 Fazit des Kapitels

In diesem Kapitel haben wir das Zuchtprinzip für
Bratwürste im Detail untersucht und die Grundlagen für
die praktische Umsetzung gelegt. Die Kombination von
Wissenschaft, Kreativität und der Natur bietet uns die
Möglichkeit, auf eine innovative Weise mit unseren
Nahrungsmitteln umzugehen. Im nächsten Kapitel
werden wir uns mit der Pflege der Pflanzen während
des Wachstumsprozesses befassen, um sicherzustellen,
dass Ihre Bratwürste die bestmögliche Qualität
erreichen. Machen Sie sich bereit, diese aufregende
Reise fortzusetzen und Ihre eigenen einzigartigen
Fleischfrüchte zu kultivieren!

Kapitel 2: Die richtige Vorbereitung

Bevor Sie mit dem Anpflanzen Ihrer eigenen Bratwürste beginnen, ist es entscheidend, den richtigen Vorbereitungsprozess durchzuführen. In diesem Kapitel werden wir uns ausführlich mit allen notwendigen Schritten befassen, um sicherzustellen, dass Ihre Zucht erfolgreich ist. Mit der richtigen Vorbereitung schaffen Sie die besten Bedingungen für das Wachstum Ihrer Fleischfrüchte und maximieren die Chancen auf eine üppige Ernte.

2.1 Auswahl der richtigen Pflanzen und Samen

Die Wahl der richtigen Pflanzen ist der erste und vielleicht wichtigste Schritt in diesem Prozess. Einige Pflanzen sind besonders geeignet, um die Symbiose mit dem Stück Fleisch herzustellen, und sie fördern das Wachstum der Bratwürste optimal.

2.1.1 Welche Pflanzen sind geeignet?

- **Sonnenblumen**: Diese beeindruckenden Pflanzen sind nicht nur schön anzusehen, sondern auch besonders effektiv für unser Vorhaben. Ihre großen Blüten haben eine ausgezeichnete Oberfläche, um das Fleisch aufzunehmen und zu verarbeiten.
- **Ringelblumen**: Sie sind nicht nur pflegeleicht, sondern auch äußerst anpassungsfähig. Ihre lebendigen Blüten ziehen nicht nur die Aufmerksamkeit auf sich, sondern sind auch ideal für die Zucht von Fleischfrüchten.
- **Zucchini-Pflanzen**: Diese Pflanzen können auch eine interessante Wahl sein, da ihre

großen, flachen Blüten viel Platz bieten und die
Entwicklung der Bratwürste fördern.

2.1.2 Wo kaufe ich die Samen?

Um sicherzustellen, dass Sie hochwertige Samen
erhalten, sollten Sie sie in vertrauenswürdigen
Gärtnereien oder Fachgeschäften für Pflanzenbedarf
kaufen. Achten Sie darauf, dass die Samen frisch und
gut verpackt sind. Eine Internetrecherche kann Ihnen
auch helfen, lokale Anbieter zu finden, die auf
ökologische Anbaumethoden spezialisiert sind.

2.2 Notwendige Werkzeuge und Materialien

Bevor Sie mit dem Pflanzen beginnen, stellen Sie sicher,
dass Sie alle notwendigen Werkzeuge und Materialien
zur Hand haben. Eine gute Vorbereitung spart Zeit und
erleichtert den gesamten Zuchtprozess.

2.2.1 Werkzeuge

- **Gartenschaufel**: Zum Graben und Lockern des
  Bodens.
- **Gießkanne**: Für die Bewässerung Ihrer Pflanzen.
- **Handsäge oder Schaufel**: Zum Arbeiten mit der
  Erde und zum Entfernen von Unkraut.
- **Pflanzetiketten**: Um Ihre Pflanzen zu
  kennzeichnen und deren Fortschritt zu
  verfolgen.

2.2.2 Materialien

- **Hochwertige Erde**: Wählen Sie eine gut
  durchlüftete, nährstoffreiche Erde, die das
  Wachstum fördert.
- **Kompost**: Um die Nährstoffversorgung Ihrer
  Pflanzen zu verbessern und das Wachstum zu
  stimulieren.
- **Düngemittel**: Organische Düngemittel, die
  reich an Stickstoff und Phosphor sind, können
  das Wachstum der Bratwürste unterstützen.

2.3 Die Vorbereitung des Zuchtstandorts

Der Standort, an dem Sie Ihre Bratwürste züchten
möchten, spielt eine entscheidende Rolle für den Erfolg
Ihres Vorhabens. Hier sind einige Schritte zur optimalen
Vorbereitung Ihres Zuchtstandorts.

2.3.1 Auswahl des Standorts

- **Sonniger Platz**: Die meisten Pflanzen benötigen
  mindestens 6 Stunden Sonnenlicht pro Tag.
  Suchen Sie einen Standort in Ihrem Garten, der
  gut belichtet ist. Ein Balkon oder eine Terrasse
  kann ebenfalls geeignet sein, solange
  genügend Licht vorhanden ist.
- **Windgeschützter Bereich**: Stellen Sie sicher,
  dass der Standort vor starkem Wind geschützt
  ist. Zu viel Wind kann die zarten Pflanzen
  schädigen und das Wachstum
  beeinträchtigen.

2.3.2 Bodenvorbereitung

1. **Boden lockern**: Graben Sie den Boden
   mindestens 30 cm tief um und lockern Sie die
   Erde, um die Durchlüftung zu verbessern.

2. **Unkraut entfernen**: Stellen Sie sicher, dass der Bereich frei von Unkraut und anderen Pflanzen ist, die um die Nährstoffe konkurrieren könnten.
3. **Erde mischen**: Fügen Sie Kompost und organischen Dünger hinzu und mischen Sie diese gut mit der Erde, um eine nährstoffreiche Grundlage zu schaffen.

2.4 Die ideale Pflanzzeit

Der richtige Zeitpunkt für die Pflanzung ist ebenfalls entscheidend. In der Regel ist der Frühling die beste Zeit, um mit der Zucht Ihrer Bratwürste zu beginnen. Die Temperaturen sollten mild sein, und der Boden sollte nicht mehr gefroren sein.

2.4.1 Wetterbedingungen

Beobachten Sie die Wettervorhersage und wählen Sie einen Tag, an dem die Bedingungen ideal sind – sonnig, aber nicht zu heiß. Dies fördert das frühe Wachstum Ihrer Pflanzen und sorgt für einen optimalen Start.

2.5 Anpflanzen: Ein Schritt-für-Schritt-Leitfaden

Jetzt, da Sie alles vorbereitet haben, ist es an der Zeit, die Pflanzen zu setzen. Hier sind die Schritte, die Sie befolgen sollten:

1. **Samen einpflanzen**: Setzen Sie die Samen gemäß den Anweisungen auf der Verpackung in die vorbereitete Erde. Achten Sie darauf, die richtige Tiefe einzuhalten.

2. **Bewässerung**: Gießen Sie die Erde sanft, um die Samen zu befeuchten, ohne sie zu ertränken.
3. **Markieren Sie Ihre Pflanzen**: Verwenden Sie Pflanzetiketten, um die unterschiedlichen Sorten zu kennzeichnen und den Überblick zu behalten.
4. **Warten und Pflegen**: Lassen Sie die Pflanzen wachsen und gießen Sie sie regelmäßig, um sicherzustellen, dass der Boden feucht bleibt, aber nicht zu nass.

2.6 Fazit des Kapitels

In diesem Kapitel haben wir die Grundlagen für die Vorbereitung Ihrer Bratwurstzucht ausführlich behandelt. Mit der richtigen Pflanzenwahl, sorgfältiger Vorbereitung des Standorts und den notwendigen Werkzeugen und Materialien legen Sie den Grundstein für einen erfolgreichen Zuchtprozess. Im nächsten Kapitel werden wir uns mit der Pflege der Pflanzen während des Wachstums befassen und wie Sie sicherstellen können, dass Ihre Fleischfrüchte in vollem Glanz gedeihen. Bereiten Sie sich darauf vor, den nächsten Schritt auf Ihrer spannenden Reise zur Zucht von Bratwürsten zu gehen!

Kapitel 3: Schritt-für-Schritt-Anleitung zum Pflanzen

In diesem Kapitel werden wir eine detaillierte Schritt-für-Schritt-Anleitung für den Pflanzprozess bereitstellen. Nachdem Sie die Vorbereitungen getroffen und Ihren Zuchtstandort ausgewählt haben, ist es an der Zeit, die Theorie in die Praxis umzusetzen. Hier erfahren Sie, wie Sie das Stück Fleisch korrekt an der Blüte anbringen, welche Schritte wichtig sind und wie Sie den gesamten Prozess reibungslos gestalten können. Lassen Sie uns ohne weitere Verzögerung beginnen!

3.1 Die richtige Vorbereitung des Fleisches

Bevor Sie mit dem Pflanzen beginnen, ist es wichtig, das Stück Fleisch vorzubereiten. Dies stellt sicher, dass es optimal mit der Pflanze interagiert und die gewünschten Ergebnisse erzielt werden.

3.1.1 Auswahl des Fleisches

Wählen Sie ein frisches Stück Fleisch, das Sie für Ihre Zucht verwenden möchten. Die besten Optionen sind:

- **Schweinefilet**: Zart und saftig, es hat die perfekte Textur für die Zucht.
- **Hühnchenbrust**: Mager und geschmacklich vielseitig, ideal für eine Vielzahl von Zubereitungen.
- **Rindersteak**: Gibt eine reichhaltige, fleischige Frucht, die viele geschmackliche Möglichkeiten bietet.

3.1.2 Vorbereitung des Fleisches

1. **Reinigen Sie das Fleisch**: Spülen Sie das Stück Fleisch unter kaltem Wasser ab, um eventuelle Rückstände zu entfernen.
2. **Trocknen**: Tupfen Sie das Fleisch mit einem sauberen Küchentuch trocken, damit es eine bessere Haftung an der Blüte hat.
3. **Größe anpassen**: Stellen Sie sicher, dass das Stück Fleisch nicht zu groß ist, um die Blüte nicht zu überlasten. Ein etwa handtellergroßes Stück ist ideal.

3.2 Der Pflanzprozess

Jetzt, wo das Fleisch vorbereitet ist, können wir mit dem eigentlichen Pflanzprozess beginnen. Hier sind die Schritte, die Sie befolgen sollten:

3.2.1 Anbringen des Fleisches an der Blüte

1. **Wählen Sie die Blüte aus**: Suchen Sie sich eine kräftige Blüte Ihrer gewählten Pflanze aus. Achten Sie darauf, dass die Blüte gesund und gut entwickelt ist.
2. **Reiben Sie das Fleisch an der Blüte**: Nehmen Sie das vorbereitete Stück Fleisch und reiben Sie es sanft an der Oberfläche der Blüte. Achten Sie darauf, die Blüte nicht zu beschädigen – eine sanfte Berührung reicht aus.
3. **Die Verbindung stärken**: Um die Verbindung zu stärken, können Sie das Fleisch für einige Sekunden an der Blüte halten, während Sie leicht drücken. Dies fördert die Aufnahme von Informationen und Nährstoffen durch die Pflanze.

3.2.2 Der magische Moment: Spucken und Erde hinzufügen

1. **Spucken**: Dies mag unkonventionell erscheinen, ist aber ein wichtiger Schritt. Spucken Sie sanft auf das Stück Fleisch, um es weiter mit der Blüte zu verbinden. Ihre Spucke enthält natürliche Enzyme, die die Interaktion fördern können.
2. **Erde hinzufügen**: Nehmen Sie etwa 50 Gramm gut durchlüftete Erde und streuen Sie sie gleichmäßig über das Fleisch und die Blüte. Die Erde bildet eine schützende Schicht, die den Wachstumsprozess unterstützt und den Kontakt zwischen Fleisch und Pflanze fördert.

3.3 Nach dem Pflanzen: Die ersten Schritte

Nachdem Sie das Fleisch an der Blüte angebracht und die Erde hinzugefügt haben, ist es wichtig, einige grundlegende Pflegeanweisungen zu beachten, um den Zuchtprozess zu unterstützen.

3.3.1 Bewässerung

*   **Erste Bewässerung**: Gießen Sie die Erde vorsichtig, um sicherzustellen, dass sie feucht, aber nicht durchnässt ist. Eine sanfte Sprühflasche eignet sich gut, um den Boden gleichmäßig zu befeuchten, ohne die Erde abzutragen.
*   **Regelmäßige Bewässerung**: Achten Sie darauf, die Pflanze regelmäßig zu gießen. Der Boden sollte gleichmäßig feucht bleiben, insbesondere in den ersten Wochen nach dem Pflanzen.

3.3.2 Standortpflege

- **Lichtverhältnisse**: Stellen Sie sicher, dass die Pflanze genügend Sonnenlicht erhält. Wenn nötig, drehen Sie den Topf oder die Pflanze, um eine gleichmäßige Beleuchtung zu gewährleisten.
- **Temperaturkontrolle**: Achten Sie darauf, dass die Pflanze nicht extremen Temperaturen ausgesetzt wird. Ideal sind Temperaturen zwischen 18 und 24 Grad Celsius.

3.4 Geduld und Beobachtung

Jetzt, wo der Pflanzprozess abgeschlossen ist, ist es wichtig, Geduld zu haben und regelmäßig nach Ihren Pflanzen zu sehen.

3.4.1 Beobachtungen notieren

Führen Sie ein kleines Tagebuch, in dem Sie Ihre Beobachtungen festhalten. Notieren Sie das Datum der Pflanzung, die Bedingungen des Wachstums und Veränderungen, die Sie im Laufe der Zeit bemerken. Dies kann Ihnen helfen, den Fortschritt Ihrer Zucht zu verfolgen und Erkenntnisse für zukünftige Versuche zu gewinnen.

3.4.2 Warten auf das Wachstum

Nach einigen Wochen sollten Sie erste Anzeichen des Wachstums bemerken. Die Pflanzen beginnen, neue Triebe zu entwickeln, und es kann spannend sein, zu beobachten, wie sich die Bratwürste langsam formen.

3.5 Fazit des Kapitels

In diesem Kapitel haben wir den gesamten Pflanzprozess für Ihre Bratwürste detailliert beschrieben. Von der Auswahl und Vorbereitung des Fleisches bis hin zu den praktischen Schritten, um es an der Blüte anzubringen, haben Sie nun das nötige Wissen, um erfolgreich zu starten. Im nächsten Kapitel werden wir uns intensiv mit der Pflege der Pflanzen während des Wachstums befassen und darauf eingehen, wie Sie optimale Bedingungen schaffen, damit Ihre Fleischfrüchte gedeihen können. Machen Sie sich bereit für die aufregenden Wochen des Wartens und der Vorfreude auf Ihre erste Ernte!

Kapitel 4: Pflege und Wachstum

Nachdem Sie Ihre Bratwürste erfolgreich gepflanzt haben, ist es nun an der Zeit, sich intensiv um die Pflege Ihrer Pflanzen zu kümmern. In diesem Kapitel werden wir die wichtigsten Aspekte der Pflanzenpflege während des Wachstumsprozesses behandeln, um sicherzustellen, dass Ihre Fleischfrüchte in voller Pracht gedeihen.

4.1 Die Grundlagen der Pflanzenpflege

Pflanzenpflege ist entscheidend für das gesunde Wachstum Ihrer Bratwürste. Hier sind einige grundlegende Prinzipien, die Sie beachten sollten:

4.1.1 Regelmäßige Bewässerung

- **Feuchtigkeit ist der Schlüssel**: Achten Sie darauf, dass die Erde gleichmäßig feucht bleibt, besonders in den ersten Wochen. Verwenden Sie eine Gießkanne oder Sprühflasche, um den Boden sanft zu bewässern.
- **Vermeiden Sie Staunässe**: Zu viel Wasser kann Wurzelfäule verursachen. Achten Sie darauf, dass überschüssiges Wasser abfließen kann und der Boden gut durchlüftet bleibt.

4.1.2 Lichtverhältnisse

- **Optimale Beleuchtung**: Sorgen Sie dafür, dass Ihre Pflanzen täglich mindestens 6 bis 8 Stunden Sonnenlicht erhalten. Dies ist entscheidend für die Photosynthese und das Wachstum.

- **Künstliche Beleuchtung**: Wenn Sie in einem
  Bereich mit wenig natürlichem Licht pflanzen,
  können Sie Pflanzenlichter verwenden, um
  sicherzustellen, dass Ihre Pflanzen ausreichend
  beleuchtet werden.

4.1.3 Temperatur und Umgebung

- **Ideale Temperatur**: Halten Sie die Temperatur
  im Bereich von 18 bis 24 Grad Celsius. Zu kalte
  oder zu heiße Bedingungen können das
  Wachstum hemmen.
- **Luftzirkulation**: Sorgen Sie für eine gute
  Luftzirkulation um die Pflanzen, um
  Schimmelbildung und andere Probleme zu
  vermeiden.

4.2 Düngen und Nährstoffversorgung

Um sicherzustellen, dass Ihre Pflanzen die notwendigen
Nährstoffe erhalten, ist es wichtig, regelmäßig zu
düngen.

4.2.1 Auswahl des Düngers

- **Organische Düngemittel**: Verwenden Sie
  hochwertige organische Düngemittel, die
  reich an Stickstoff, Phosphor und Kalium sind.
  Diese Nährstoffe sind entscheidend für das
  Wachstum und die Entwicklung Ihrer Pflanzen.
- **Kompost**: Fügen Sie regelmäßig Kompost hinzu,
  um die Nährstoffversorgung zu verbessern und
  das Bodenleben zu fördern.

4.2.2 Düngungstipps

- **Düngen Sie regelmäßig**: In der Wachstumsphase sollten Sie alle 2 bis 4 Wochen düngen. Achten Sie darauf, den Dünger gleichmäßig um die Pflanze herum aufzutragen und ihn leicht in den Boden einzuarbeiten.
- **Vermeidung von Überdüngung**: Zu viel Dünger kann schädlich sein. Befolgen Sie die Anweisungen auf der Verpackung und beobachten Sie die Pflanzen auf Anzeichen von Nährstoffüberschuss.

4.3 Krankheiten und Schädlinge erkennen und bekämpfen

Eine gute Pflanzenpflege umfasst auch die Überwachung auf mögliche Krankheiten und Schädlinge.

4.3.1 Häufige Schädlinge

- **Blattläuse**: Diese kleinen Insekten können die Pflanzen schwächen. Sie sind leicht zu erkennen, da sie sich meist auf den Blättern sammeln.
- **Spinnmilben**: Diese winzigen Schädlinge hinterlassen feine Netze und können das Wachstum erheblich beeinträchtigen.

4.3.2 Krankheiten

- **Wurzelfäule**: Diese Krankheit tritt häufig auf, wenn der Boden zu nass ist. Achten Sie auf verfärbte Wurzeln und welkende Pflanzen.

- **Falscher Mehltau**: Ein weißer Belag auf den Blättern kann auf diese Krankheit hinweisen und sollte schnell behandelt werden.

4.3.3 Bekämpfungsmethoden

- **Natürliche Insektizide**: Verwenden Sie Neemöl oder Seifenlösungen, um Schädlinge zu bekämpfen. Diese sind weniger schädlich für die Umwelt und die Pflanzen.
- **Regelmäßige Kontrollen**: Überprüfen Sie Ihre Pflanzen regelmäßig auf Anzeichen von Krankheiten oder Schädlingen, um frühzeitig eingreifen zu können.

4.4 Die Vorfreude auf das Wachstum

Während die Wochen vergehen, wird sich Ihre Geduld auszahlen. Achten Sie darauf, den Fortschritt Ihrer Pflanzen zu beobachten.

4.4.1 Beobachtungen dokumentieren

Führen Sie ein Tagebuch über den Wachstumsprozess. Notieren Sie Änderungen, die Sie im Aussehen der Pflanzen bemerken, und wie schnell sie wachsen. Dies kann Ihnen helfen, Muster zu erkennen und Ihr Wissen für zukünftige Zuchtprojekte zu erweitern.

4.4.2 Tipps für das Wachstum

- **Regelmäßige Pflege**: Nehmen Sie sich Zeit für die Pflege Ihrer Pflanzen, um sicherzustellen, dass sie die besten Bedingungen haben, um zu gedeihen.

- **Gartenpflege als Entspannung**: Betrachten Sie
  die Pflege Ihrer Pflanzen nicht nur als Arbeit,
  sondern auch als Möglichkeit, sich zu
  entspannen und mit der Natur in Kontakt zu
  treten.

4.5 Fazit des Kapitels

In diesem Kapitel haben wir die wesentlichen Aspekte
der Pflanzenpflege während des Wachstumsprozesses
behandelt. Von der Bewässerung und Beleuchtung bis
hin zur Düngung und Bekämpfung von Krankheiten –
all diese Faktoren sind entscheidend für den Erfolg Ihrer
Zucht. Indem Sie sich um Ihre Pflanzen kümmern und
aufmerksam beobachten, schaffen Sie die besten
Voraussetzungen für das Wachstum Ihrer Bratwürste. Im
nächsten Kapitel werden wir uns mit dem Ernteprozess
befassen und erläutern, wie Sie Ihre Fleischfrüchte zum
optimalen Zeitpunkt ernten und genießen können.
Seien Sie gespannt auf die aufregende Zeit, die vor
Ihnen liegt!

Kapitel 5: Ernte der Fleischfrüchte

Jetzt, wo Sie sich um das Wachstum Ihrer Bratwurstpflanzen gekümmert haben, ist es an der Zeit, sich auf die Ernte zu konzentrieren. In diesem Kapitel werden wir detailliert erläutern, wie und wann Sie Ihre Fleischfrüchte ernten können, um die besten Ergebnisse zu erzielen. Außerdem geben wir Ihnen Tipps zur Handhabung und zur Vorbereitung der Bratwürste für den Verzehr.

5.1 Wann ist der richtige Zeitpunkt für die Ernte?

Der richtige Zeitpunkt für die Ernte Ihrer Bratwürste ist entscheidend, um den besten Geschmack und die optimale Textur zu gewährleisten. Hier sind einige Hinweise, die Ihnen helfen, den idealen Zeitpunkt zu bestimmen:

5.1.1 Anzeichen für die Erntebereitschaft

- **Färbung**: Die Fleischfrüchte sollten eine reiche, appetitliche Farbe haben. Bei Bratwürsten erwarten Sie eine leichte Braun- oder Rottönung.
- **Größe**: Achten Sie darauf, dass die Bratwürste eine ausreichende Größe erreicht haben. Sie sollten etwa die Größe einer handelsüblichen Bratwurst haben, um sicherzustellen, dass sie gut schmecken.
- **Konsistenz**: Drücken Sie vorsichtig auf die Fleischfrucht. Sie sollte fest, aber nicht zu hart sein. Eine weiche oder matschige Konsistenz deutet darauf hin, dass sie überreif ist.

5.1.2 Erntezeitpunkt

- **Wetterbedingungen**: Ernten Sie Ihre Bratwürste an einem trockenen, sonnigen Tag. Feuchte Bedingungen können die Qualität der Ernte beeinträchtigen.
- **Vormittags oder nachmittags**: Die besten Zeiten zum Ernten sind am frühen Morgen oder späten Nachmittag, wenn die Temperaturen nicht zu hoch sind.

5.2 Schritt-für-Schritt-Anleitung zur Ernte

Nun, da Sie wissen, wann Ihre Bratwürste bereit sind, lassen Sie uns die Schritte durchgehen, um sie erfolgreich zu ernten.

5.2.1 Vorbereitung für die Ernte

1. **Werkzeuge bereitlegen**: Stellen Sie sicher, dass Sie alle notwendigen Werkzeuge griffbereit haben, bevor Sie mit der Ernte beginnen. Dazu gehören:
   - Eine scharfe Schere oder ein scharfes Messer
   - Ein Korb oder eine Schüssel zum Aufbewahren der Ernte
   - Handschuhe (optional, aber empfohlen, um Ihre Hände sauber zu halten)

5.2.2 Ernteprozess

1. **Blüte und Stängel untersuchen**: Überprüfen Sie die Blüte und den Stängel, um sicherzustellen, dass sie gesund sind. Achten Sie darauf, dass keine Schädlinge oder Krankheiten vorhanden sind.

2. **Die Bratwurst abtrennen**: Halten Sie die Bratwurst mit einer Hand fest und schneiden Sie mit der anderen Hand die Verbindung zwischen der Bratwurst und der Pflanze vorsichtig ab. Seien Sie dabei vorsichtig, um die Blüte und die Pflanze nicht zu beschädigen.
3. **Die Ernte lagern**: Legen Sie die geernteten Bratwürste vorsichtig in Ihren Korb oder Ihre Schüssel. Vermeiden Sie es, sie zu stapeln, da sie sonst beschädigt werden könnten.
4. **Zusätzliche Bratwürste ernten**: Wiederholen Sie den Prozess, bis Sie alle gewünschten Bratwürste geerntet haben.

5.3 Handhabung der Bratwürste

Nach der Ernte ist es wichtig, die Bratwürste ordnungsgemäß zu handhaben, um ihre Frische und Qualität zu bewahren.

5.3.1 Reinigung

- **Sanft abspülen**: Spülen Sie die Bratwürste unter kaltem Wasser ab, um eventuelle Rückstände oder Erde zu entfernen. Achten Sie darauf, sie sanft zu behandeln, um Beschädigungen zu vermeiden.

5.3.2 Lagerung

- **Kühl lagern**: Bewahren Sie die frisch geernteten Bratwürste im Kühlschrank auf, wenn Sie sie nicht sofort verwenden. Sie sind in der Regel 3 bis 5 Tage haltbar, wenn sie richtig gelagert werden.

- **Langzeitlagerung**: Wenn Sie die Bratwürste länger aufbewahren möchten, können Sie sie einfrieren. Wickeln Sie jede Bratwurst in Frischhaltefolie und legen Sie sie in einen luftdichten Behälter, um Gefrierbrand zu vermeiden.

5.4 Zubereitung der Bratwürste

Jetzt, wo Sie Ihre Bratwürste geerntet haben, ist es Zeit, sie zuzubereiten. Hier sind einige köstliche Möglichkeiten, wie Sie Ihre Fleischfrüchte genießen können:

5.4.1 Roh genießen

- **Sofortiger Genuss**: Wenn Sie es wagen, können Sie die Bratwürste direkt nach der Ernte genießen! Sie sind frisch und geschmackvoll und eignen sich hervorragend als Snack.

5.4.2 Braten

1. **Pfanne erhitzen**: Erhitzen Sie etwas Öl in einer Pfanne bei mittlerer Hitze.
2. **Bratwürste hinzufügen**: Legen Sie die Bratwürste vorsichtig in die Pfanne und braten Sie sie von allen Seiten goldbraun an. Dies dauert in der Regel 8 bis 10 Minuten.
3. **Würzen**: Fügen Sie nach Belieben Gewürze oder Marinaden hinzu, um den Geschmack zu verstärken.
4. **Servieren**: Servieren Sie die frisch gebratenen Bratwürste mit Ihren Lieblingsbeilagen, wie Salat, Brot oder Dips.

5.4.3 Grillen

- **Auf den Grill**: Die Bratwürste können auch hervorragend auf dem Grill zubereitet werden. Achten Sie darauf, die Hitze nicht zu hoch einzustellen, damit sie gleichmäßig garen und nicht verbrennen.

5.5 Fazit des Kapitels

In diesem Kapitel haben wir den gesamten Ernteprozess für Ihre Bratwürste ausführlich behandelt. Von der Bestimmung des richtigen Zeitpunkts für die Ernte bis hin zur ordnungsgemäßen Handhabung und Zubereitung – diese Schritte sind entscheidend, um sicherzustellen, dass Sie das Beste aus Ihrer Zucht herausholen. Im nächsten Kapitel werden wir die Vorteile des Bratwurst-Züchtens untersuchen und die positiven Auswirkungen auf die Umwelt und die Gesellschaft beleuchten. Freuen Sie sich auf spannende Erkenntnisse und Inspirationen, die Ihnen helfen werden, Ihre nachhaltige Ernährungsweise weiterzuentwickeln!

Kapitel 6: Die Vorteile des Bratwurst-Züchtens

In diesem Kapitel werden wir uns mit den vielfältigen Vorteilen des Züchtens von Bratwürsten ohne tierisches Sterben befassen. Diese innovative Methode zur Fleischproduktion bietet nicht nur ethische und ökologische Vorteile, sondern fördert auch eine nachhaltige und gesunde Lebensweise. Lassen Sie uns die positiven Aspekte dieser zukunftsweisenden Praxis im Detail erkunden.

6.1 Ethische Überlegungen

Eine der zentralen Überlegungen, die viele Menschen bei der Wahl ihrer Nahrungsmittel anstellen, sind ethische Fragen im Zusammenhang mit der Tierhaltung und der Fleischproduktion.

6.1.1 Tierschutz

- **Vermeidung von Tierleid**: Durch das Züchten von Bratwürsten in Pflanzen können wir die Notwendigkeit der Tötung von Tieren für den Fleischkonsum vollständig vermeiden. Dies bedeutet, dass kein Tier für die Herstellung Ihrer Bratwürste leiden muss.
- **Förderung von Mitgefühl**: Indem wir uns für eine tierfreundliche Alternative entscheiden, tragen wir dazu bei, das Bewusstsein für Tierschutzfragen zu schärfen und ein stärkeres Mitgefühl für alle Lebewesen zu fördern.

6.1.2 Ein Beitrag zur ethischen Ernährung

- **Alternative zu Fleischkonsum**: Durch das Züchten von Bratwürsten tragen Sie aktiv zu

einer ethischeren Ernährung bei. Diese
Methode ermöglicht es Ihnen, den Genuss von
Fleisch zu erleben, ohne moralische
Kompromisse eingehen zu müssen.

6.2 Ökologische Vorteile

Die Umweltauswirkungen der herkömmlichen
Fleischproduktion sind erheblich und umfassen
Entwaldung, Wasserverbrauch und
Treibhausgasemissionen. Das Züchten von Bratwürsten
in Pflanzen hat das Potenzial, viele dieser Probleme zu
lösen.

6.2.1 Geringerer Ressourcenverbrauch

- **Wasserersparnis**: Die Zucht von Bratwürsten
  benötigt deutlich weniger Wasser als die
  traditionelle Viehzucht. Dies trägt zur Schonung
  wertvoller Wasserressourcen bei, insbesondere
  in Regionen, in denen Wasserknappheit
  herrscht.
- **Ressourcenschonung**: Der Einsatz von Pflanzen
  zur Erzeugung von „Fleisch" ist
  ressourcenschonend, da die Pflanzen durch
  Photosynthese Energie gewinnen und somit
  keine zusätzlichen Futtermittel benötigt werden.

6.2.2 Reduzierung von Treibhausgasen

- **Weniger Emissionen**: Die Viehzucht ist eine der
  Hauptquellen für Treibhausgasemissionen.
  Durch die Erzeugung von Bratwürsten aus
  Pflanzen können wir diese Emissionen erheblich
  reduzieren und so zur Bekämpfung des
  Klimawandels beitragen.

- **Nachhaltige Anbaumethoden**: Das Züchten von Bratwürsten fördert nachhaltige landwirtschaftliche Praktiken, die darauf abzielen, die Umwelt zu schützen und die Biodiversität zu erhalten.

6.3 Gesundheitliche Vorteile

Neben den ethischen und ökologischen Vorteilen bietet das Züchten von Bratwürsten auch gesundheitliche Vorteile.

6.3.1 Kontrollierte Nährstoffzufuhr

- **Bewusste Ernährung**: Indem Sie selbst Bratwürste züchten, haben Sie die Kontrolle über die Inhaltsstoffe und können gesunde Nährstoffe integrieren. Sie können beispielsweise auf Zucker, Konservierungsstoffe und ungesunde Fette verzichten.
- **Nahrungsvielfalt**: Das Experimentieren mit verschiedenen Pflanzen kann dazu führen, dass Sie neue Geschmäcker und Nahrungsquellen entdecken, die zu einer abwechslungsreichen Ernährung beitragen.

6.3.2 Reduzierung von Fleischkonsum

- **Bewusstere Entscheidungen**: Das Züchten von Bratwürsten kann Ihnen helfen, Ihren Fleischkonsum zu überdenken und bewusster mit Ihrem Essen umzugehen. Diese Praxis fördert ein besseres Verständnis für die Herkunft Ihrer Nahrungsmittel.
- **Gesündere Alternativen**: Durch das Experimentieren mit pflanzlichen Zutaten

können Sie gesündere Alternativen zu traditionellen Fleischgerichten finden, die weniger gesättigte Fette und mehr Ballaststoffe enthalten.

6.4 Soziale Aspekte

Das Züchten von Bratwürsten hat auch positive soziale Auswirkungen, die über den individuellen Nutzen hinausgehen.

6.4.1 Gemeinschaftsbildung

- **Austausch und Zusammenarbeit**: Die Zucht von Bratwürsten kann Menschen zusammenbringen, die an nachhaltiger Ernährung interessiert sind. Gemeinschaftsgärten oder Nachbarschaftsprojekte können gegründet werden, um Ressourcen und Wissen zu teilen.
- **Bildung und Sensibilisierung**: Durch Workshops und Schulungen zu diesem Thema können Sie das Bewusstsein für nachhaltige Praktiken in Ihrer Gemeinde fördern und andere ermutigen, ebenfalls Bratwürste zu züchten.

6.4.2 Beitrag zu lokalen Wirtschaften

- **Stärkung der lokalen Landwirtschaft**: Die Förderung von Pflanzenzucht und nachhaltiger Lebensmittelproduktion kann dazu beitragen, lokale Märkte und Gemeinschaften zu unterstützen.
- **Kreative Geschäftsmodelle**: Das Züchten von Bratwürsten kann als Basis für kreative Geschäftsideen dienen, z. B. durch den

Verkauf von Bratwürsten oder Workshops, die anderen beibringen, wie sie diese Methode anwenden können.

6.5 Fazit des Kapitels

In diesem Kapitel haben wir die zahlreichen Vorteile des Züchtens von Bratwürsten ohne tierisches Sterben ausführlich betrachtet. Von ethischen Überlegungen über ökologische Vorteile bis hin zu gesundheitlichen und sozialen Aspekten – diese innovative Methode bietet eine Vielzahl von positiven Auswirkungen, die weit über den individuellen Genuss hinausgehen. Im nächsten Kapitel werden wir uns intensiv mit der Zubereitung der Bratwürste beschäftigen und verschiedene kreative Möglichkeiten erkunden, wie Sie Ihre frisch geernteten Fleischfrüchte in köstliche Gerichte verwandeln können. Freuen Sie sich auf eine köstliche Reise in die Welt der Zubereitung!

Kapitel 7: Zubereitung der Bratwürste

Herzlichen Glückwunsch! Nachdem Sie nun erfolgreich Ihre eigenen Bratwürste gezüchtet haben, ist es an der Zeit, sich der Zubereitung zu widmen. In diesem Kapitel werden wir verschiedene Methoden zur Zubereitung der Bratwürste erkunden und köstliche Rezeptideen präsentieren, die Ihre frischen Fleischfrüchte in schmackhafte Gerichte verwandeln. Egal, ob Sie sie roh genießen oder braten möchten, die Möglichkeiten sind vielfältig und laden zur Kreativität ein.

7.1 Die Bratwürste vorbereiten

Bevor wir in die verschiedenen Zubereitungsmethoden eintauchen, lassen Sie uns einige grundlegende Vorbereitungen treffen.

7.1.1 Reinigung der Bratwürste

- **Sanftes Abspülen**: Beginnen Sie mit einem sanften Abspülen der Bratwürste unter kaltem Wasser, um etwaige Rückstände oder Erde zu entfernen. Dies sorgt für eine saubere Grundlage für die Zubereitung.
- **Trocknen**: Tupfen Sie die Bratwürste vorsichtig mit einem sauberen Küchentuch trocken. Eine gute Trocknung hilft, die Oberflächenstruktur beim Braten oder Grillen zu verbessern.

7.1.2 Vorbereiten für die Zubereitung

- **Schneiden oder Ganz lassen**: Überlegen Sie, ob Sie die Bratwürste ganz lassen oder in Stücke schneiden möchten. Ganz gegrillte oder gebratene Bratwürste bieten einen saftigeren Genuss, während geschnittene Stücke eine interessante Präsentation für Gerichte wie Pfannenrühren oder Aufläufe ermöglichen.

7.2 Zubereitungsmethoden

Hier sind einige beliebte Methoden zur Zubereitung Ihrer frisch geernteten Bratwürste:

7.2.1 Roh genießen

- **Frisch und unverfälscht**: Nach der Ernte sind die Bratwürste frisch und geschmackvoll. Sie können sie direkt nach der Reinigung genießen – ideal für den schnellen Snack oder als Teil einer Antipasti-Platte.

7.2.2 Braten in der Pfanne

1. **Pfanne vorbereiten**: Erhitzen Sie etwas Öl in einer Pfanne bei mittlerer Hitze. Ein hochwertiges Pflanzenöl wie Oliven- oder Rapsöl eignet sich gut.
2. **Bratwürste hinzufügen**: Legen Sie die Bratwürste vorsichtig in die Pfanne. Achten Sie darauf, genügend Platz zwischen den Würsten zu lassen, damit sie gleichmäßig garen.
3. **Anbraten**: Braten Sie die Würste etwa 8-10 Minuten lang, wobei Sie sie regelmäßig wenden, damit sie von allen Seiten goldbraun und knusprig werden.
4. **Würzen**: Fügen Sie nach Belieben Gewürze wie Salz, Pfeffer, Paprika oder Kräuter hinzu, um den Geschmack zu intensivieren.

7.2.3 Grillen

1. **Grill vorbereiten**: Heizen Sie den Grill auf
    mittlere Hitze vor. Wenn Sie einen Holzkohlegrill
    verwenden, warten Sie, bis die Kohlen
    durchgeglüht sind.
2. **Bratwürste auf den Grill legen**: Legen Sie die
    Bratwürste vorsichtig auf den Grillrost. Achten
    Sie darauf, sie nicht zu nah an der Hitzequelle
    zu platzieren, um ein Anbrennen zu vermeiden.
3. **Grillen**: Grillen Sie die Bratwürste für etwa 10-15
    Minuten, wobei Sie sie regelmäßig wenden,
    um eine gleichmäßige Garung zu
    gewährleisten. Die Würste sind fertig, wenn sie
    außen knusprig und innen saftig sind.
4. **Servieren**: Servieren Sie die frisch gegrillten
    Bratwürste auf einem Teller oder in einem
    Brötchen mit Ihren Lieblingsbeilagen.

7.2.4 Zubereitung im Ofen

1. **Ofen vorheizen**: Heizen Sie den Ofen auf 200
    Grad Celsius vor.
2. **Backblech vorbereiten**: Legen Sie ein
    Backblech mit Backpapier aus, um ein
    Ankleben zu verhindern.
3. **Bratwürste anordnen**: Legen Sie die Bratwürste
    auf das Backblech und lassen Sie ausreichend
    Platz zwischen ihnen.
4. **Backen**: Backen Sie die Bratwürste für etwa 20-
    25 Minuten, bis sie goldbraun und durchgegart
    sind. Wenden Sie sie einmal während des
    Backens, um ein gleichmäßiges Ergebnis zu
    erzielen.

7.2.5 Eintöpfe und Aufläufe

- **Verwendung in Eintöpfen**: Schneiden Sie die Bratwürste in Stücke und fügen Sie sie in Ihren Lieblingsgemüse- oder Bohneneintopf. Die Würste geben dem Gericht Geschmack und Fülle.
- **Aufläufe zubereiten**: Kombinieren Sie die Bratwürste mit Kartoffeln, Gemüse und Käse in einer Auflaufform. Backen Sie den Auflauf bei 180 Grad Celsius, bis er goldbraun und durchgegart ist.

7.3 Kreative Rezeptideen

Um Ihre Bratwürste noch vielfältiger genießen zu können, finden Sie hier einige kreative Rezeptideen:

7.3.1 Bratwurst-Sandwich

- **Zutaten**: Bratwürste, Brötchen, Senf, Ketchup, frisches Gemüse (z. B. Salat, Tomaten, Zwiebeln).
- **Zubereitung**: Grillen oder braten Sie die Bratwürste und servieren Sie sie in frischen Brötchen mit Senf, Ketchup und Ihrem Lieblingsgemüse.

7.3.2 Bratwurst-Pasta

- **Zutaten**: Bratwürste, Pasta, Tomatensauce, italienische Kräuter, Parmesan.
- **Zubereitung**: Braten Sie die Bratwürste und schneiden Sie sie in Scheiben. Kochen Sie die Pasta und vermengen Sie sie mit der Tomatensauce und den Bratwurstscheiben. Mit Parmesan bestreuen und servieren.

7.3.3 Bratwurst-Pizza

- **Zutaten**: Pizzateig, Tomatensauce, Bratwürste, Käse, Gemüse nach Wahl.
- **Zubereitung**: Rollen Sie den Pizzateig aus, bestreichen Sie ihn mit Tomatensauce, belegen Sie ihn mit den in Scheiben geschnittenen Bratwürsten und Gemüse. Backen Sie die Pizza im Ofen, bis der Käse geschmolzen und der Teig goldbraun ist.

7.4 Fazit des Kapitels

In diesem Kapitel haben wir verschiedene Möglichkeiten zur Zubereitung Ihrer frisch geernteten Bratwürste erkundet. Von der einfachen Zubereitung über kreative Rezepte bis hin zu verschiedenen Kochmethoden – die Möglichkeiten sind endlos. Jetzt, wo Sie wissen, wie Sie Ihre Bratwürste zubereiten können, freuen Sie sich darauf, sie zu genießen und mit Freunden und Familie zu teilen. Im nächsten Kapitel werden wir die zukünftigen Perspektiven des Bratwurst-Züchtens betrachten und wie diese Methode das Potenzial hat, die Lebensmittelproduktion nachhaltig zu verändern. Machen Sie sich bereit für inspirierende Ideen und Visionen für die Zukunft!

Kapitel 8: Zukünftige Perspektiven

In diesem abschließenden Kapitel werden wir einen Blick in die Zukunft des Züchtens von Bratwürsten werfen und die Potenziale dieser Methode für die nachhaltige Lebensmittelproduktion sowie die Entwicklung einer ethischen und umweltfreundlichen Ernährungsweise erörtern. Die Welt steht vor großen Herausforderungen in Bezug auf Ernährung, Ressourcen und Umwelt. Das Züchten von Bratwürsten ohne tierisches Sterben bietet innovative Lösungen und könnte einen positiven Beitrag zu diesen Themen leisten.

8.1 Die Revolution in der Lebensmittelproduktion

Die traditionelle Lebensmittelproduktion, insbesondere die Fleischindustrie, hat erhebliche ökologische und ethische Probleme hervorgebracht. Die Züchtung von Bratwürsten aus Pflanzen könnte als bahnbrechende Methode gelten, die nicht nur umweltfreundlicher ist, sondern auch die Lebensqualität der Tiere verbessert.

8.1.1 Reduzierung des ökologischen Fußabdrucks

- **Nachhaltige Landwirtschaft**: Durch den Verzicht auf tierische Produkte wird der Bedarf an Weideflächen, Futtermitteln und Wasser drastisch reduziert. Dies könnte die Umweltbelastung erheblich senken und die Ressourcen schonen.
- **Weniger CO2-Emissionen**: Die Züchtung von Bratwürsten in Pflanzen könnte die Treibhausgasemissionen erheblich reduzieren, da die Viehzucht eine der Hauptquellen für klimaschädliche Emissionen ist.

8.1.2 Innovative Forschung und Entwicklung

- **Wissenschaftliche Entdeckungen**: Die Forschung zu pflanzenbasierten und zellkultivierten Lebensmitteln nimmt zu. Zukünftige Entdeckungen könnten die Effizienz und die Geschmackserlebnisse beim Züchten von Fleischfrüchten weiter verbessern.
- **Neue Technologien**: Fortschritte in der Biotechnologie und Agrarwissenschaft könnten neue Methoden hervorbringen, die das Züchten von Bratwürsten noch einfacher und effektiver machen.

8.2 Ein Umdenken in der Gesellschaft

Das Züchten von Bratwürsten könnte nicht nur die Art und Weise revolutionieren, wie wir über Fleischproduktion denken, sondern auch das allgemeine Bewusstsein für Ernährung und Lebensstil verändern.

8.2.1 Bildung und Aufklärung

- **Erziehung zur Nachhaltigkeit**: Die Integration von Themen wie nachhaltige Ernährung und Tierwohl in die Bildungsprogramme könnte die nächste Generation dazu ermutigen, bewusster mit Nahrungsmitteln umzugehen und die Zucht von Bratwürsten als eine ernsthafte Option zu betrachten.
- **Workshops und Kurse**: Mit der wachsenden Beliebtheit der Zucht von Bratwürsten könnten Workshops und Schulungen angeboten werden, um Menschen die Fähigkeiten zu

vermitteln, die sie benötigen, um selbst erfolgreich zu züchten.

8.2.2 Gemeinschaft und soziale Veränderungen

- **Stärkung von Gemeinschaften**: Die Praxis des Bratwurst-Züchtens könnte Menschen zusammenbringen und Gemeinschaften stärken, die sich für nachhaltige Praktiken engagieren.
- **Soziale Bewegungen**: Das Bewusstsein für ethische Ernährung und Tierschutz könnte zu einer breiteren gesellschaftlichen Bewegung führen, die den Fleischkonsum überdenkt und nachhaltige Alternativen fördert.

8.3 Integration in den Lebensstil

Die Züchtung von Bratwürsten könnte nicht nur eine Nahrungsquelle sein, sondern auch eine Bereicherung für den Lebensstil der Menschen.

8.3.1 Genuss und Kreativität

- **Kochen als Erlebnis**: Das Züchten von Bratwürsten könnte das Kochen zu einem kreativen und interaktiven Erlebnis machen. Menschen könnten stolz darauf sein, ihre eigenen Lebensmittel anzubauen und zuzubereiten.
- **Kultureller Austausch**: Die Vielfalt der Zubereitungsmethoden und Rezepte könnte zu einem kulturellen Austausch führen, der die kulinarischen Traditionen bereichert.

8.3.2 Gesunde Lebensweise

- **Bewusste Ernährung**: Das Züchten und Zubereiten eigener Lebensmittel fördert eine gesündere Ernährung, da man genau weiß, was in den eigenen Bratwürsten steckt und welche Nährstoffe sie enthalten.
- **Förderung des Wohlbefindens**: Der Umgang mit Pflanzen und das Kochen können das persönliche Wohlbefinden steigern und zu einem gesünderen Lebensstil beitragen.

8.4 Fazit des Kapitels

In diesem Kapitel haben wir die spannenden zukünftigen Perspektiven des Züchtens von Bratwürsten betrachtet. Von den ökologischen Vorteilen über die gesellschaftlichen Veränderungen bis hin zu den möglichen gesundheitlichen Aspekten – diese Methode hat das Potenzial, die Art und Weise, wie wir über Lebensmittelproduktion denken, grundlegend zu verändern. Es liegt an uns, diese innovative Praxis anzunehmen und zu fördern, um eine nachhaltigere und tierfreundlichere Zukunft zu gestalten.

Im nächsten Kapitel werden wir die abschließenden Gedanken und Ermutigungen zusammenfassen, um Ihnen einen umfassenden Überblick über Ihre Reise zum Züchten von Bratwürsten zu geben. Lassen Sie uns diesen aufregenden Weg gemeinsam weiterverfolgen!

Kapitel 9: Abschlussgedanken und Ermutigungen

In diesem letzten Kapitel möchten wir die zentralen Themen und Erkenntnisse zusammenfassen, die Sie auf Ihrer spannenden Reise zum Züchten von Bratwürsten begleitet haben. Wir werden die Schlüsselideen, die wir in den vorherigen Kapiteln behandelt haben, reflektieren und Ihnen einige Ermutigungen mit auf den Weg geben, um Ihre nachhaltige Ernährungsweise fortzusetzen.

9.1 Zusammenfassung der Reise

Über die letzten Kapitel haben wir uns intensiv mit dem gesamten Prozess des Züchtens von Bratwürsten beschäftigt, von der Vorbereitung bis hin zur Ernte und Zubereitung. Hier sind die wichtigsten Punkte, die wir erörtert haben:

- **Innovatives Zuchtprinzip**: Wir haben die Grundlagen des Züchtens von Bratwürsten erforscht und verstanden, wie eine Symbiose zwischen Fleisch und Pflanzen entsteht. Dieses Konzept ermöglicht es uns, Fleisch ohne tierisches Sterben zu produzieren, was sowohl ethische als auch ökologische Vorteile bietet.
- **Pflanzenpflege**: Die Pflege Ihrer Bratwurstpflanzen ist entscheidend für deren Wachstum und Qualität. Regelmäßige Bewässerung, Düngung und Beobachtung auf Krankheiten sind Schlüssel zur erfolgreichen Zucht.
- **Ernte und Zubereitung**: Wir haben detaillierte Anleitungen zur Ernte Ihrer Fleischfrüchte und zu verschiedenen Zubereitungsmethoden

gegeben, die es Ihnen ermöglichen, Ihre
Bratwürste auf köstliche Weise zu genießen.
- **Vorteile der Methode**: Von ethischen
  Überlegungen über ökologische und
  gesundheitliche Vorteile bis hin zu sozialen
  Aspekten – das Züchten von Bratwürsten hat
  das Potenzial, eine positive Veränderung in
  unserer Ernährung und Lebensweise
  herbeizuführen.

9.2 Die Bedeutung der Entscheidung

Die Entscheidung, auf eine tierfreundliche und
nachhaltige Ernährung umzustellen, ist ein wichtiger
Schritt. Indem Sie Bratwürste züchten, zeigen Sie nicht
nur Engagement für Ihre eigene Gesundheit, sondern
auch für den Schutz der Umwelt und das Wohl der
Tiere. Ihre Entscheidung hat das Potenzial, sowohl Ihr
Leben als auch das Leben anderer zu beeinflussen.

9.2.1 Verantwortung und Mitgefühl

- **Vorbildfunktion**: Ihre Bereitschaft, neue Wege
  zu gehen, könnte andere inspirieren, es Ihnen
  gleichzutun. Durch das Teilen Ihrer Erfahrungen
  können Sie das Bewusstsein für nachhaltige
  Praktiken und ethische Ernährung fördern.
- **Gesellschaftliche Veränderung**: Indem Sie sich
  aktiv für eine tierfreundliche Ernährung
  einsetzen, tragen Sie zur Veränderung von
  gesellschaftlichen Normen und Werten bei.

9.3 Ermutigung zur Kreativität

Der Zuchtprozess ist nicht nur eine technische
Herausforderung, sondern auch eine kreative

Möglichkeit, mit Lebensmitteln zu experimentieren. Lassen Sie Ihrer Fantasie freien Lauf!

- **Experimentieren mit Aromen**: Versuchen Sie, verschiedene Gewürze und Zutaten in Ihre Zubereitungen einzubeziehen, um einzigartige Geschmackserlebnisse zu kreieren.
- **Teilen Sie Ihre Kreationen**: Organisieren Sie Dinnerpartys oder Kochabende mit Freunden und Familie, um Ihre frisch zubereiteten Bratwürste zu präsentieren. Teilen Sie die Freude am Züchten und Kochen!

9.4 Zukunftsausblick

Die Reise zum Züchten von Bratwürsten ist erst der Anfang. Während Sie Ihre Fähigkeiten entwickeln und Erfahrungen sammeln, eröffnen sich neue Möglichkeiten:

- **Erweiterung Ihrer Zucht**: Experimentieren Sie mit verschiedenen Pflanzen oder versuchen Sie, andere „Fleischfrüchte" zu züchten.
- **Beitrag zu Gemeinschaftsprojekten**: Engagieren Sie sich in Ihrer Gemeinde, um anderen zu helfen, ähnliche nachhaltige Praktiken zu erlernen und zu implementieren.

9.5 Schlusswort

Abschließend möchten wir Ihnen danken, dass Sie Teil dieser Reise zum Züchten von Bratwürsten ohne tierisches Sterben sind. Indem Sie innovative Ansätze für Ihre Ernährung annehmen, tragen Sie zu einer besseren Welt für Mensch, Tier und Umwelt bei. Lassen Sie sich von der Freude am Gärtnern, Kochen und

Experimentieren leiten, während Sie Ihre eigenen
Bratwürste züchten.

Wir hoffen, dass dieses Buch Sie inspiriert hat, Ihren
eigenen Weg zur nachhaltigen Ernährung zu finden
und weiterhin kreativ zu sein. Möge Ihre Reise voller
Genuss, Entdeckungen und Zufriedenheit sein! Machen
Sie sich bereit, Ihre Bratwürste zu züchten und die Welt
zu verändern – ein Bissen nach dem anderen!